BEI GRIN MACHT SICH IHR WISSEN BEZAHLT

- Wir veröffentlichen Ihre Hausarbeit, Bachelor- und Masterarbeit

- Ihr eigenes eBook und Buch - weltweit in allen wichtigen Shops

- Verdienen Sie an jedem Verkauf

Jetzt bei www.GRIN.com hochladen und kostenlos publizieren

Michael Sypien

Der Club of Rome und die Grenzen des Wachstums

Anmerkungen zur Zukunft der Menschheit

GRIN Verlag

Bibliografische Information der Deutschen Nationalbibliothek:

Die Deutsche Bibliothek verzeichnet diese Publikation in der Deutschen National-
bibliografie; detaillierte bibliografische Daten sind im Internet über http://dnb.d-
nb.de/ abrufbar.

Impressum:

Copyright © 2008 GRIN Verlag GmbH
Druck und Bindung: Books on Demand GmbH, Norderstedt Germany
ISBN: 978-3-640-34258-7

Dieses Buch bei GRIN:

http://www.grin.com/de/e-book/127836/der-club-of-rome-und-die-grenzen-des-
wachstums

OTTO-FRIEDRICH-UNIVERSITÄT BAMBERG
LEHRSTUHL FÜR GEOGRAPHIE I

Grenzen des Wachstums
Hauptseminar im WS 08/09

Der *Club of Rome* und Studien zu den Grenzen des Wachstums

Anmerkungen zur Zukunft der Menschheit

Seminararbeit

im Studiengang Wirtschaftspädagogik II

von Michael Sypien
Abgabetermin: 14. April 2009

Wirtschaftspädagogik, Studienrichtung II, 7. Semester

Abbildungsverzeichnis

Abbildung 1:   Regelkreis der Bevölkerung (Meadows et al. 2005b: 29) 4

Abbildung 2:   Wachstumsrate der Weltbevölkerung 1950-2050 (eigene Darstellung nach UN Statistik 2007) 5

Abbildung 3:   Vergleich der Geburten- und Sterberaten von 1950-2050 (eigene Darstellung nach UN Statistik 2007) 6

Abbildung 4:   Regelkreis des Industriewachstums (Meadows et al. 2005b: 39) 7

Abbildung 5:   Wachstumsrate des realen BIP - Wachstumsrate des BIP-Volumens - prozentuale Veränderung relativ zum Vorjahr (eigene Darstellung nach Eurostat 2007) 8

Abbildung 6:   Landwirtschaftlich nutzbares Land (Meadows et al. 1972: 40) 10

Abbildung 7:   Die Chromvorräte (Meadows et al. 1972: 48) 12

Abbildung 8:   Preisentwicklung ausgewählter Edel-, Legierungs- und NE-Metalle in Dollar je Tonne (DIW 2007: 45) 13

Abbildung 9:   Standardlauf des Weltmodells (Meadows et al. 1973: 113) 17

Abbildung 10:   Stabilisiertes Weltmodell 1972: Der Gleichgewichtszustand mit einer Industrieproduktion pro Kopf in der dreifachen Höhe von 1970 (Meadows et al. 1972: 148) 20

Abbildung 11:   Verhalten des Weltmodells bei doppelten Rohstoffreserven (Meadows et al. 1972, 114) X

Abbildung 12:   Stabilisierte Weltbevölkerung (Meadows et al. 1972: 144) X

Abbildung 13:   Standardlauf von 1992 (Meadows et al. 1992: 166) XI

Abbildung 14:   Stabilisiertes Weltmodell 2005 (Meadows et al. 2005b: 228) XII

Abbildung 15:   Der ökologische Fußabdruck (Wackernagel et al. 2002: 9269) XIII

Inhaltsverzeichnis

Abbildungsverzeichnis II

Literaturverzeichnis XXIV

Anhang X

1   **Ist die Menschheit noch zu retten?** 1

2   **Der Club of Rome** 2

2.1   Eckdaten zu „Grenzen des Wachstums" 2

2.2   Das Weltmodell 3

3   **Problembereiche** 3

3.1   Exponentielles Bevölkerungswachstum 4

3.1.1   Aussagen des Club of Rome 4
3.1.2   Tatsächliche Entwicklung 5

3.2   Exponentielles Industriewachstum 6

3.2.1   Aussagen des Club of Rome 6
3.2.2   Tatsächliche Entwicklung 7

4   **Grundfaktoren für Wachstum** 8

4.1   Nahrungsmittelversorgung 9

4.1.1   Aussagen des Club of Rome 9
4.1.2   Tatsächliche Entwicklung 10

4.2   Nichtregenerative Rohstoffe 11

4.2.1   Aussagen des Club of Rome 12
4.2.2   Tatsächliche Entwicklung 13

4.3   Umweltverschmutzung 14

4.3.1   Aussagen des Club of Rome 14
4.3.2   Tatsächliche Entwicklung 15

5   **Simulationsläufe des Weltmodells** 17

6   **Lösungsvorschläge des Club of Rome** 19

7   **Zukunftsaussichten** 22

1 Ist die Menschheit noch zu retten?

Die derzeitige Wirtschafts- und Finanzkrise führt den Menschen schmerzlich vor Augen, dass unser „System Welt" ein sehr empfindliches ist, und Störungen in einem Bereich zu schweren Beeinträchtigungen des Gesamtsystems führen können. So entwächst aus einem kollabierenden Finanzmarkt eine Wirtschaftskrise, deren Ausgang nicht absehbar ist.

Mit der Zerbrechlichkeit des Weltsystems beschäftigten sich schon 1970 einige Wissenschaftler, darunter Dennis L. Meadows, im Namen des *Club of Rome*. Sie machten sich damals Sorgen um die Welt, obwohl diese gerade Jahrzehnte ungebremsten Wachstums durchlebte. Sozialstaaten wurden ausgebaut und boten ein Leben in Sicherheit, und Autos waren eckig, laut, groß und verbrauchten eine Menge billigen Benzins. Warum sollte dieses System, das den politischen Systemen Osteuropas überlegen schien, in Frage gestellt werden?

Meadows (1972) erkannte schon damals die Probleme des exponentiellen Wachstums. Teile des Systems, wie z.B. das Bevölkerungswachstum oder die Industrieproduktion wuchsen aber bereits derartig. Das veranlasste ihn zur Herausgabe des Berichtes *Grenzen des Wachstums (The Limits to Growth)*.

Diesem Bericht folgte 1992 das Buch *Die neuen Grenzen des Wachstums (Beyond the Limits)*, welches die Erkenntnisse von 1972 mit aktuellen Zahlen stützte und ein Überschreiten der Wachstumsgrenze bereits zu dieser Zeit feststellte. Im dritten Buch dieser Reihe (*Grenzen des Wachstums – Das 30-Jahre-Update*) von 2005 geht es darum, Lösungen zu finden, um die andauernde Grenzüberschreitung und das ständige Wachstum aller Weltsysteme zu beenden und einen Kollaps des Gesamtsystems zu verhindern.

Nach einer kurzen Vorstellung des *Club of Rome* sollen in dieser Arbeit die zentralen Aussagen dieses Berichtes im Hinblick auf die Zukunft der Menschheit dargestellt werden. Jeder Problembereich soll mit aktuellen Daten verglichen werden, um die Prognosefähigkeit beurteilen zu können. Simulationsläufe des dem Bericht zu Grunde liegenden Weltmodells (Forrester 1971) geben daraufhin Zukunftsprognosen für verschiedene Rohstoff- und Wachstumsszenarien ab. Abschließend folgen eine Darstellung von Lösungsmöglichkeiten, die der *Club of Rome* vorschlägt und ein Blick in die Zukunft.

2 Der Club of Rome

Vertreter aus Wissenschaft, Wirtschaft, Kultur und Politik aus der ganzen Welt sind im *Club of Rome* vereinigt. Er wurde 1968 von Aurelio Peccei und Alexander King mit dem Ziel gegründet, drängende Menschheitsprobleme global zu erfassen, Handlungsempfehlungen zu generieren und sich für eine lebenswerte, nachhaltige Zukunft der Menschheit einzusetzen. Die Weltöffentlichkeit kennt den *Club of Rome* seit 1972 durch den viel diskutierten Bericht *The Limits to Growth (Die Grenzen des Wachstums)*. Leitidee und zentrales Anliegen des *Club of Rome* ist eine nachhaltige Entwicklung, die es erfordert „die Bedürfnisse der Menschen weltweit inklusive der nachfolgenden Generationen zu berücksichtigen. Der *Club of Rome* denkt und arbeitet in globalen Zusammenhängen und stellt sich gegen monokausales und kurzfristiges Denken und Handeln. Er möchte möglichst viele Menschen dazu bewegen, ihr Verhalten so zu ändern, dass sie im Sinne einer nachhaltigen Entwicklung handeln" (Offizielle Internetseite des Club of Rome).

Der *Club of Rome* ist auf fünf Forschungsfeldern aktiv: Politische Stabilität und Regierungsfähigkeit; Informationsgesellschaft und die digitale Schwelle; Lernen, Erziehung und Arbeitswelt; Kulturelle Vielfalt und Toleranz sowie auf dem Gebiet der nachhaltigen Entwicklung, Globalisierung der Märkte und Armutsbekämpfung (ebd.). Aus letztgenanntem Schwerpunkt entstammt der Bericht *Grenzen des Wachstums*. Dieser wurde im Jahr 1972 veröffentlicht und soll im nächsten Kapitel näher betrachtet werden.

2.1 Eckdaten zu „Grenzen des Wachstums"

Der Bericht *Grenzen des Wachstums* erscheint 1972 und wird als „Ur-Studie zur nachhaltigen Entwicklung" angesehen. Ein Team von 17 Wissenschaftlern am MIT (Massachusetts Institute of Technology) erstellte den Bericht unter Federführung von Dr. Donella H. Meadows und Dr. Dennis L. Meadows. Weitere Hauptautoren waren Dr. Erich K. O. Zahn und Peter Milling.

Grenzen des Wachstums basiert auf dem Modell der *Dynamik komplexer Systeme* (Systems Dynamics), einer homogenen Welt, die im Buch als *Weltmodell* bezeichnet wird. Darin wird die Struktur des Systems, inklusive der Wechselwirkungen der einzelnen Systemteile und die auftretenden Zeitverzögerungen, berücksichtigt (Meadows et al. 1972: 23). Die Ergebnisse des Simulationslaufes sind immer ähnlich: ein empfindlicher Rückgang der Weltbevölkerung und des Lebensstandards innerhalb von 50 bis 100 Jahren, wenn die Trends von 1972 anhalten.

2.2 Das Weltmodell

Das Weltmodell beschreibt die Wechselwirkungen zwischen fünf wichtigen Trends: Der beschleunigten Industrialisierung, dem rapiden Bevölkerungswachstum, der weltweiten Unterernährung, der Ausbeutung der Rohstoffreserven und der Zerstörung des Lebensraumes. Die Autoren räumen ein, dass das Modell stark vereinfacht und verbesserungswürdig ist (Meadows et al. 1972: 77, Forrester 1971: 16).

Das Ergebnis der Simulation zeichnet immer das gleiche Bild: Die Wachstumsgrenze der Erde ist in spätestens 100 Jahren erreicht (Basis ist das Jahr 1972). Grund ist das exponentielle Wirtschafts- und Bevölkerungswachstum, das die Ressourcen des Planeten Erde immer rascher schwinden lässt. Die Autoren fordern deshalb Gleichgewicht statt Wachstum. Voraussetzung müsste allerdings eine materielle Lebensgrundlage für alle Menschen sein, aber es soll auch Spielraum für individuelle, menschliche Fähigkeiten geben. Nur sofortiges Handeln kann laut Meadows[1] den Kollaps des Systems verhindern (Meadows et al. 1972: 15 ff.).

Kritisiert wird das Weltmodell vor allem, weil der Technologiefortschritt nicht explizit in das System eingearbeitet wurde. Die Autoren versuchen diesen Vorwurf dadurch zu entkräften, indem sie extrem optimistische Annahmen (unendlich Energie, 100 % Recyclingquote, strenge Kontrolle der Umweltverschmutzung, Intensivierung des landwirtschaftlichen Ertrags, wirksame Geburtenkontrolle) in das System einbauen. Dennoch kollabiert das System spätestens bis zum Jahr 2100 mit unterschiedlich starken Auswirkungen auf die Weltbevölkerung (Meadows et al. 1972: 118ff.; 1992: 217f.). Das Modell will keine punktgenauen Aussagen treffen, sondern helfen, „die grundsätzlichen Verhaltensmöglichkeiten des Systems zu beschreiben und zu verstehen; dies ist besonders wichtig, da auch der Kollaps zu den möglichen Verhaltensformen gehört" (Meadows et al. 1992: 143).

3   Problembereiche

Der Kollaps des Systems ist die Folge des exponentiellen Wachstums, das alle menschlichen Aktivitäten mit sich bringen. Das exponentielle Bevölkerungswachstum wird in Kapitel 3.1 beschrieben, Kap. 3.2 beschäftigt sich mit dem industriellen Wachstum.

---

[1] Aus Gründen der besseren Lesbarkeit wird in dieser Arbeit der Name *Meadows* im Fließtext synonym zu *Meadows et al.* verwendet.

3.1 Exponentielles Bevölkerungswachstum

Zuerst sollen die Aussagen des *Club of Rome* im Hinblick auf das Bevölkerungswachstum dargestellt werden. Danach erfolgt ein Abgleich mit aktuellen Daten.

3.1.1 Aussagen des Club of Rome

Das exponentielle Wachstum ist gefährlicher als das lineare, denn es ist für den menschlichen Verstand schwerer zu durchschauen (Meadows et al. 1972: 18). Dem exponentiellen Wachstum liegt ein positiv rückgekoppelter Regelkreis zugrunde. Bei gleicher Wachstumsrate vergrößert sich die Basis, was eine Verkürzung der *Verdopplungszeit* zur Folge hat. Wachstum zieht demnach stärkeres Wachstum nach sich. Dieses Wachstum ist bei fast allen menschlichen Aktivitäten zu beobachten (ebd.: 23f., Forrester 1971: 16f.). Auch die Weltbevölkerung und die Weltwirtschaft wachsen im Modell des *Club of Rome* exponentiell.

Auf die Bevölkerungsanzahl wirken zwei Faktoren ein (Abbildung 1). Die Fruchtbarkeit vergrößert die Bevölkerung exponentiell, da sich bei gleichbleibender Geburtenrate die Basis der Bevölkerungsanzahl immer mehr verbreitert. Diesem positiven Regelkreis wirkt der negative Regelkreis der Todesfälle entgegen. Die Sterblichkeit wirkt auf die Bevölkerungsanzahl regulierend.

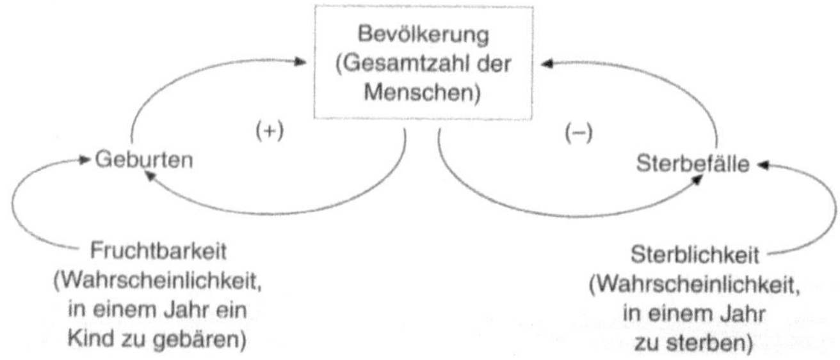

Abbildung 1: Regelkreis der Bevölkerung (Meadows et al. 2005b: 29)

Seit der industriellen Revolution ist der negative Regelkreis aber zunehmend geschwächt; durch eine bessere medizinische Fürsorge nimmt die Sterblichkeit ab, und ein erhöhtes Nahrungsmittelangebot hat sich das Durchschnittsalter von 30 Jahre (1650) auf 53 Jahre (1972) weltweit erhöht. Da sich auch die Geburtenrate erhöht hat, nennen die Autoren das Bevölkerungswachstum gar „superexponentiell" (Meadows et al. 1972: 28f.).

Das Wachstum wird durch zwei Hauptgruppen von Faktoren begrenzt. Zur ersten Gruppe gehören die materiellen Grundlagen, wie Nahrungsmittel, Rohstoffe und Umweltverschmutzung. Zur zweiten Gruppe gehören soziale Gegebenheiten wie Völkerfriede und soziale Stabilität. Letztere Gruppe kann durch das Weltmodell von 1972 schlecht erfasst werden (Meadows et al. 1972: 36).

3.1.2 Tatsächliche Entwicklung

Von Weizsäcker spricht sich 1973 für ein langfristiges Nullwachstum im Hinblick auf die Bevölkerung und auf die Wirtschaft aus – er hat dabei einen Zeitraum von 50 bis 150 Jahre im Sinn (von Weizsäcker 1973: 272).

Dieses Ziel ist bis jetzt noch nicht in Sicht. Die Vereinten Nationen sagen einen Bevölkerungsanstieg von derzeit knapp sieben auf neun Milliarden im Jahr 2050 voraus. Ab 2050 wird die Bevölkerungszahl dann nur noch langsam zunehmen (UN Statistik 2007). Der demographische Wandel führt dazu, dass 95 % des Bevölkerungswachstums in den Entwicklungsländern stattfinden wird und die Bevölkerungszahl in den Industrieländern etwa konstant bleibt. Da die Industrieländer nur 20 % der Weltbevölkerung stellen, fällt die dortige Bevölkerungsstagnation aber kaum ins Gewicht (Schulz 2007: 4f.).

Ein geeigneter Indikator, um das zukünftige Bevölkerungswachstum abschätzen zu können, ist die Wachstumsrate der Bevölkerung. Die UN geht davon aus, dass die Wachstumsrate bis 2050 zurückgeht. Abbildung 2 zeigt diesen Rückgang. Eine Wachstumsrate von Null würde bedeuten, dass die Bevölkerung nicht mehr wächst. Positive Raten, wie bis 2050 vorausgesagt, deuten auf ein (wenn auch zunehmend gebremstes) exponentielles Wachstum hin[2].

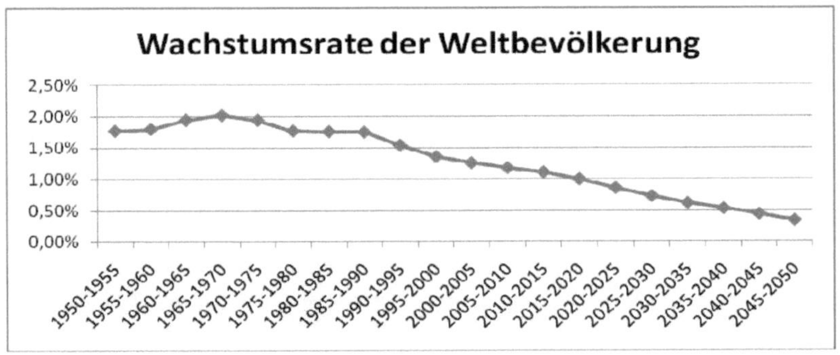

Abbildung 2: Wachstumsrate der Weltbevölkerung 1950-2050 (eigene Darstellung nach UN Statistik 2007)

---

[2] Die Verdopplungszeit einer Bevölkerung kann anhand der Wachstumsrate annähernd ausgerechnet werden: Es ist der Quotient aus 70 und der Wachstumsrate. In diesem Beispiel verdoppelte sich die Bevölkerung 1970 alle 35 Jahre (70/2), im Jahr 2040 wird sie sich „nur" noch alle 140 Jahre verdoppeln (70/0,5) (Spinola 2005: 36).

Das Wachstum kann nur gestoppt werden, wenn die Geburtenrate gleich der Sterberate ist (vgl. Kap. 3.1.1). Ein Trend zu diesem Gleichgewicht ist zwar bis 2050 erkennbar (Abbildung 3), doch liegt die Geburtenrate zu jedem Zeitpunkt über der Sterberate. Dies bedeutet ebenfalls exponentielles Wachstum der Bevölkerung bis 2050.

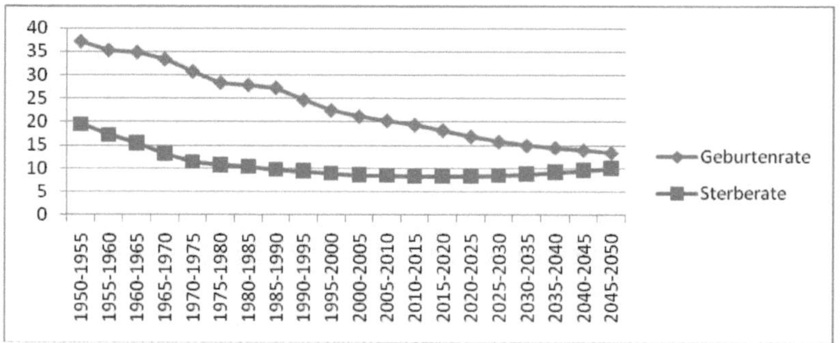

Abbildung 3: Vergleich der Geburten- und Sterberaten von 1950-2050 (eigene Darstellung nach UN Statistik 2007)

Daher kann dem *Club of Rome* eingeschränkt zugestimmt werden: Weltweit wird die Bevölkerung weiterhin exponentiell wachsen. Es ist aber absehbar, dass dieses Wachstum nach dem Jahr 2050 zum Stillstand kommen wird, wenn sich die Trends derartig weiterentwickeln.

3.2 Exponentielles Industriewachstum

Ob auch das Industriekapital exponentiell wächst, soll im nächsten Abschnitt geklärt werden. Zuerst erfolgt eine Darstellung der Argumentationslinien des *Club of Rome*, danach werden aktuelle Daten herangezogen.

3.2.1 Aussagen des Club of Rome

Das Industriewachstum weist noch stärkere Wachstumsraten als das Bevölkerungswachstum auf. Abbildung 4 zeigt, dass es, ähnlich wie beim Bevölkerungswachstum, einen positiven Regelkreis der Investitionen gibt: Ein bestimmter Teil der Industrieproduktion – bestimmt durch die Investitionsrate – fließt als Investitionen zurück und vergrößert das Industriekapital. Ist die Investitionsrate positiv, wächst auch das Industriekapital exponentiell. Diesem Wachstum kann nur der negative Regelkreis der Kapitalabnutzung entgegenwirken, der das Industriewachstum beschränkt. Auch dieser negative Regelkreis ist geschwächt, da sich die Nutzungsdauer von Maschinen ständig erhöht (Meadows et al. 1972: 30f.).

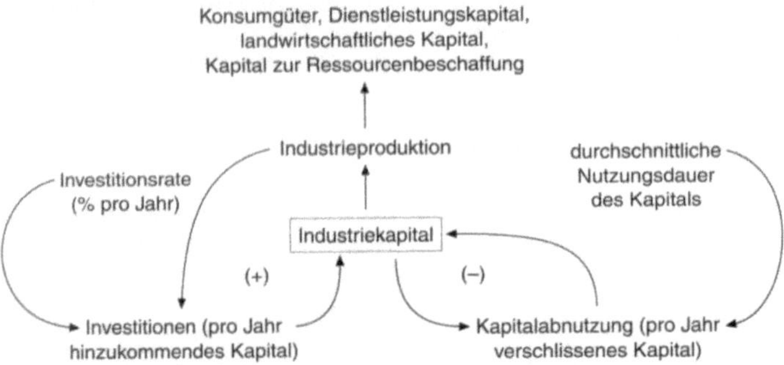

Abbildung 4: Regelkreis des Industriewachstums (Meadows et al. 2005b: 39)

Das Industriekapital wächst exponentiell, da die Kapitalabnutzungsrate die Investitionsrate nicht neutralisiert.

3.2.2 Tatsächliche Entwicklung

Um zu überprüfen, ob die Industrie tatsächlich exponentiell wächst, muss zuerst die Investitionsrate in der Industrie betrachtet werden. Eine Rate über Null bedeutet auch hier ein exponentielles Wachstum, das nur noch von der Kapitalabnutzung (siehe Abbildung 4) beeinflusst werden kann.

Die Bruttoanlageinvestitionen des privaten Sektors[3] in Prozent des BIP für die Eurozone sind durchgehend positiv. Es zeigt sich, dass seit 1999 17,5 bis 19,5 % des BIP jährlich in Anlagegüter reinvestiert werden. Sollte sich die Kapitalabnutzungsrate unter diesen Werten befinden, weist dies auf ein exponentielles Wachstum im Euroraum hin (Eurostat 2007). Leider wird die durchschnittliche ökonomische Nutzungsdauer nur für wenige Produktgruppen statistisch erfasst (z.B. Lokomotiven oder Automobile). Daher ist eine Aussage über die Größe dieser Rate nicht möglich (Brümmerhoff 2007: 164). Es ist aber davon auszugehen, dass sie weit unter 19.5 % liegt, denn das würde eine durchschnittliche Nutzungsdauer von fünf Jahren pro Anlagegut bedeuten.

---

[3] „Dieser Indikator beschreibt die Bruttoanlageninvestitionen in Prozent des BIP für den privaten Sektor ... Zu den BAI zählen Erwerb abzüglich Veräußerungen von z.B. Bauwerken, Geräten, Fahrzeugen, oder Computerprogrammen sowie erhebliche Verbesserungen an Grund und Boden. Der Quotient drückt den Anteil des BIP für öffentliche bzw. private Investitionen aus, der nicht z. B. konsumiert wird" (Eurostat 2007).

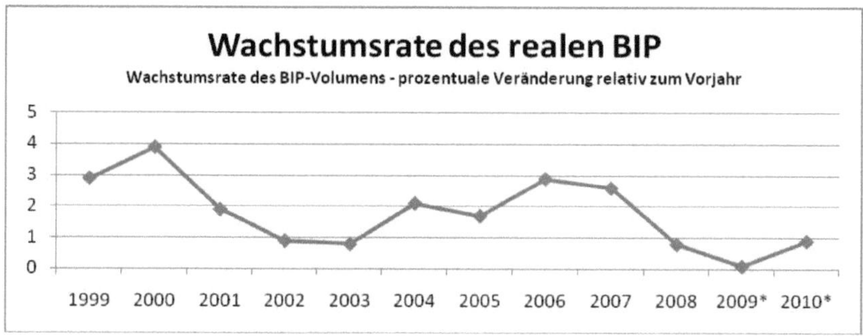

Abbildung 5: **Wachstumsrate des realen BIP - Wachstumsrate des BIP-Volumens - prozentuale Veränderung relativ zum Vorjahr (eigene Darstellung nach Eurostat 2007)**

Ein weiterer Indikator für das Wirtschaftswachstum sind die realen Wachstumsraten des BIP[4]. Auch hier zeigt sich in den letzten Jahren ein durchgehend positives Wachstum (Abbildung 5). Da sich die Wachstumsrate eines Jahres in dieser Graphik immer auf das Vorjahr bezieht, bedeutet ein positiver Wert hier ebenfalls exponentielles Wachstum.

Zumindest für den Euroraum kann exponentielles Industriewachstum angenommen werden. Dies ist aber auf die ganze Welt übertragbar. In den Entwicklungsländern und in Südosteuropa sind die Wachstumsraten noch stärker (United Nations Conference on Trade and Development 2005: 353).

Inwiefern sich die Finanz- und Wirtschaftskrise auf diese Zahlen auswirkt, bleibt abzuwarten.

4 Grundfaktoren für Wachstum

Genauso, wie eine Pflanze Wasser, Licht und Nährstoffe für ihr Wachstum benötigt, benötigt die Bevölkerung des Planeten Erde unter anderem Nahrungsmittel, Rohstoffe und eine intakte Umwelt, um zu wachsen. Stehen diese Voraussetzungen nicht mehr zur Verfügung, führt das nicht etwa zu einem Nullwachstum, sondern zu einem *Overshoot* (Meadows et al. 2005a: 1), einem unwissentlichen Überschreiten der Wachstumsgrenze mit empfindlichen Konsequenzen für die Gesellschaft.

---

[4] „Das Bruttoinlandsprodukt (BIP) ist ein Maß der wirtschaftlichen Aktivität ... Zur Berechnung der Wachstumsrate des BIP in Volumeneinheiten wird das in aktuellen Preisen gemessene BIP zu Preisen des Vorjahres bewertet und die so berechneten Volumenänderungen das Niveau eines Referenzjahres angewendet; daraus ergibt sich eine sog. verkettete Reihe. Dies bewirkt, dass Preisänderungen keinen Einfluss auf die Wachstumsrate ausüben" (Eurostat 2007).

Die Menschheit überschreitet die Grenzen des Planeten bereits seit Ende der 1980er Jahre, wie sich am Beispiel des *ökologischen Fußabdrucks* (Wackernagel et al. 2002) zeigen lässt. Mathis Wackernagel et al. berechneten, „wie viel Land erforderlich wäre, um den Bedarf der Bevölkerungen verschiedener Nationen an natürliches Ressourcen zu decken und die anfallenden Abfälle aufzunehmen" (Meadows et al. 2005b: 3). Ab 1977 reicht der Planet Erde für die Menschen nicht mehr aus, sie leben auf Kosten der Umwelt und der endlichen Rohstoffe. 1999 wären bereits 1,2 Planeten nötig gewesen, um die Menschheit nachhaltig zu versorgen (vgl. Abbildung 15 im Anhang).

Bereits vor der Einführung des Begriffes des ökologischen Fußabdruckes machte sich der *Club of Rome* Gedanken über Nahrungsmittel, Rohstoffe und Umwelt. Diese Themen sollen in den nächsten Abschnitten behandelt werden. Es folgen zuerst die Aussagen des *Club of Rome*, danach werden die Aussagen mit aktuellen Daten verglichen.

4.1 Nahrungsmittelversorgung

Ausreichende Nahrungsmittelversorgung ist eine Grundvoraussetzung für das Wachstum. Kap. 4.1.1 stellt zunächst die zukünftigen absehbaren Probleme der Nahrungsmittelversorgung dar.

4.1.1 Aussagen des Club of Rome

Auf der Erde gibt es 3,2 Mrd. Hektar prinzipiell landwirtschaftlich nutzbare Fläche. Davon wird die Hälfte bereits genutzt (1972), der Rest müsste aufwendig kultiviert werden, was hohe Kosten nach sich ziehen würde und aus heutiger Sicht teils unwirtschaftlich wäre. 1972 benötigte eine Person bei der damaligen landwirtschaftlichen Produktionsrate 0,4 Hektar Landfläche zur Ernährung und 0,08 Hektar Landfläche zum Leben. Mit diesen Daten würde um das Jahr 2000 bereits eine Landknappheit eintreten (vgl. Abbildung 6). Dies ist zum einen auf das exponentielle Wachstum der Bevölkerung zurückzuführen, zum anderen nahm seit 1910 bereits die zur Verfügung stehende Landfläche ab, da sie von der Bevölkerung zunehmend als Lebensraum genutzt wurde. Außerdem darf nicht davon ausgegangen werden, dass die derzeitige Anbaufläche mindestens gleich bleibt oder sich sogar erhöht. Durch Erosion, Versalzung, Urbanisierung und Desertifikation sind in den letzten 1000 Jahren „zwei Milliarden Hektar produktives Land in Ödland verwandelt worden. Das ist mehr als die gegenwärtig genutzte Anbaufläche" (Meadows et al. 2005b: 61).

Auch eine Verdoppelung oder eine Vervierfachung der Produktionsrate würde die Zeit bis zur Landknappheit nur unwesentlich verlängern (Meadows et al. 1972: 39ff.).

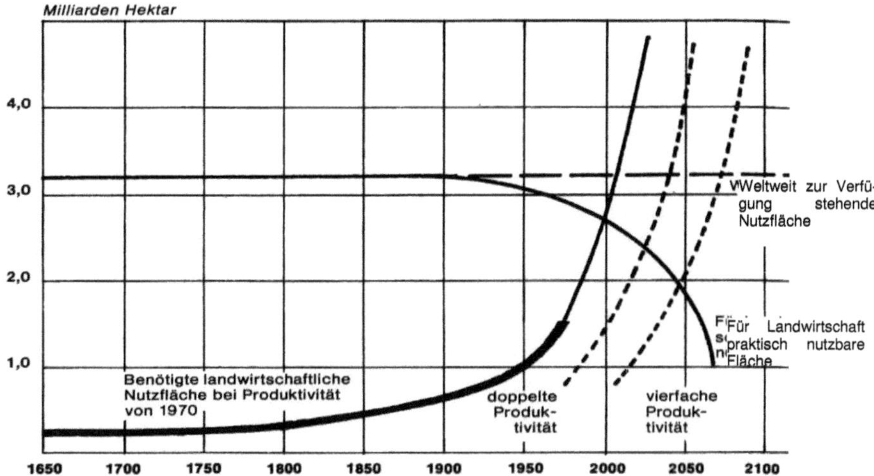

Abbildung 6: Landwirtschaftlich nutzbares Land (Meadows et al. 1972: 40)

Im positivsten Fall (bei angenommener vierfacher Produktivitätssteigerung und einer gleichbleibenden weltweit zur Verfügung stehenden nutzbaren Ackerfläche wie um 1900) träte die
Landknappheit aus damaliger Sicht etwa im Jahr 2075 ein. Dabei ist eine zukünftige Produktivitätssteigerung keinesfalls sicher. Landwirtschaftsexperten deuten mit dem Begriff *Er-
tragsplateau* bereits sinkende Hektarerträge an (Meadows et al. 2005b: 63).

4.1.2 Tatsächliche Entwicklung

Weltweit nimmt die Fläche des kulturfähigen Landes pro Person ab. Am meisten betroffen
sind die Entwicklungsländer: Während 1961 noch 0,21 Hektar auf einen Einwohner entfielen,
waren es 1999 nur noch 0,16 (Vereinte Nationen 2002: 2). Das liegt daran, dass die landwirtschaftliche Nutzfläche seit 1961 bis heute um 11,5 % gestiegen ist (FAO 2005a), während
sich die Weltbevölkerung mehr als verdoppelt hat (Schulz 2001: 4). Dazu kommt die Forde-
rung vieler Staaten, verstärkt auf die Nutzung regenerativer Energien zu setzen. Der Anbau
des Rapses für den Biosprit in Deutschland benötigt große Flächen: Im Biomesseaktionsplan
der Bundesregierung ergibt sich für das Jahr 2020 ein Flächenbedarf von 5,6 Millionen Hektar – das ist die Hälfte der deutschen Anbaufläche. Da Deutschland diese Flächen nicht bereit-
stellen kann, muss zukünftig zunehmend Biosprit importiert werden. Diese Maßnahme verla-
gert das Flächenproblem in andere Länder und trägt zu einer weiteren Verknappung der Anbaufläche für Nahrungsmittel bei (Hofstädter et al. 2008: 25).

Diese relativ zur Bevölkerung reduzierte Nutzfläche könnte durch eine gesteigerte landwirtschaftliche Produktivität dennoch ausreichen, um alle Menschen zu versorgen. Tatsächlich ist die Produktivität stark gestiegen: 1961 betrug die Nettoproduktion landwirtschaftlicher Erzeugnisse weltweit 608 Mrd. Dollar, im Jahr 2005 beträgt sie 1.666 Mrd. Dollar (FAO 2005b). Das entspricht einer Steigerung um den Faktor 2,7. Der Preis für die gesteigerte Produktivität kann der Verlust von Ackerboden durch Überdüngung sein. Der Düngemitteleinsatz (nur Stickstoff) stieg in vier Jahren von 86,8 Megatonnen im Jahr 2002 auf 100,6 Megatonnen 2006 (FAO 2006).

Weiterhin kann der Klimawandel die Produktivität der Landwirtschaft zukünftig beeinträchtigen. Häufigere und stärkere Überschwemmungen oder Probleme bei der Bewässerung durch Wasserknappheit müssen zu einem Umdenken in der Landwirtschaft und zu neuen, innovativen Methoden führen (Bates et al. 2008:128).

Oben genannte Punkte beziehen sich auf die (globale) Produktionsseite der Nahrungsmittel. Ein weiteres Problem liegt in der (regionalen) Zugangsseite, dem Konsum von Nahrungsmitteln. Die Verteilung der Lebensmittel ist sehr ineffizient, und der Zugang zu grundlegenden Nahrungsmitteln ist in weiten Teilen der Welt nicht sichergestellt (Bohle 2001: 22).

Im Fall der Landknappheit müssen die Annahmen des *Club of Rome* aus heutiger Sicht in einigen Punkten revidiert werden (vgl. Abbildung 6). Die weltweit zur Verfügung stehende Nutzfläche wurde zu gering angesetzt. Es gibt derzeit nicht etwa knapp über drei Milliarden, sondern knapp fünf Milliarden Hektar bebaubares Land (FAO 2005a). Bei einer 2,7fachen Produktivitätssteigerung träte erst etwa im Jahr 2075 Landknappheit ein, wenn die derzeitigen Agrarflächen konstant blieben. Die Frage, ob die gesteigerte Produktivität aufrechterhalten werden kann, inwieweit der Klimawandel die Erträge beeinflusst oder ob die Überdüngung zu einer Verelendung der Ackerflächen und damit zu Ernteausfällen führt, muss offen bleiben. Meadows (2005: 245) sieht im zunehmenden Düngemittelverbrauch ein Zeichen der Grenzüberschreitung da „der Rückgang der Bodenfruchtbarkeit ... durch Ausbringen immer größerer Düngemittelmengen kompensiert" werden muss. Großes Verbesserungspotential besteht in einer effizienteren und gerechteren weltweiten Nahrungsmittelverteilung.

4.2 Nichtregenerative Rohstoffe

Die nicht regenerativen Rohstoffe bilden die Basis für unseren derzeitigen Wohlstand. Deshalb ist eine Verknappung dieser endlichen Rohstoffe ein großes Problem. Im Folgenden wird wieder zuerst die Meinung des *Club of Rome* ausgeführt, danach die aktuelle Entwicklung.

4.2.1 Aussagen des Club of Rome

Eine weitere Beschränkung des Wachstums ist durch die begrenzten Vorräte an nicht regenerierbaren Rohstoffen (u.a. Platin, Zink, Gold, Blei, Uran) gegeben. Meadows prognostiziert eine Erschöpfung der Rohstoffe um 2050. Als Referenzrohstoff wählt er Chrom aus, da es hohe bekannte Reserven gibt, und eine relativ niedrige Verbrauchsrate sowie geringe mittlere jährliche Zuwachsraten des Verbrauches eine große Reichweite versprechen (Abbildung 7).

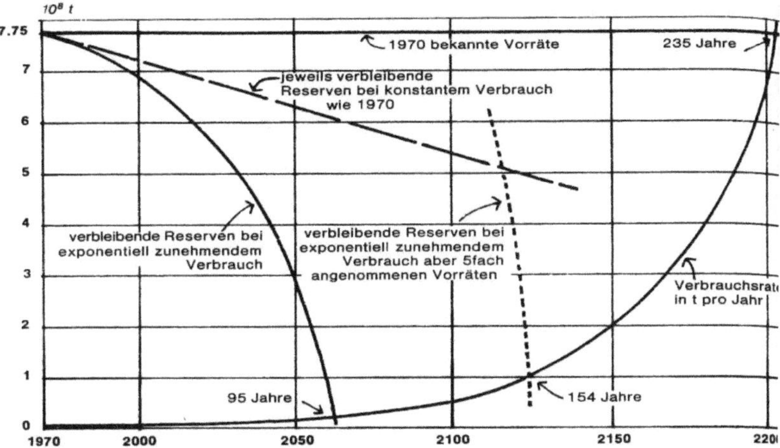

Abbildung 7: Die Chromvorräte (Meadows et al. 1972: 48)

Dennoch werden die Chromvorräte um 2060 erschöpft sein. Die Verbrauchsrate für Chrom steigt exponentiell[5], die Vorräte vermindern sich demnach auch exponentiell (Meadows et al. 1972: 45ff.). Selbst wenn die Recyclingquote von Chrom auf 100 % erhöht werden könnte (horizontale Linie in der Abbildung), wären die Vorräte im Jahr 2205 erschöpft.

Im Hinblick auf die fossilen Energieträger ist Kohle der am reichlichsten vorhandene nicht regenerative Rohstoff. Hier werden sehr wahrscheinlich die Senken[6] die Kohlenutzung beschränken (die Senke Atmosphäre kann nicht genug vom Abfallprodukt CO_2 aufnehmen). Erdöl wird am ehesten erschöpft sein, trotz (unverlässlicher und sehr unterschiedlicher) Schätzungen über noch nicht entdeckte Erdölreserven. Bei einem angenommenen jährlich

---

[5] Grund hierfür sind zum einen das exponentielle Bevölkerungswachstum und zum andern das exponentielle Kapitalwachstum, dass den Verbrach zusätzlich steigert (Meadows et al. 1972: 50).

[6] Meadows spricht von Quellen und Senken in der Natur. Quellen sind die Rohstoff- und Energielieferanten aus der Natur, in den Senken der Natur landen die Abfälle und Schadstoffe der Menschen. Quellen und Senken haben eine begrenzte Kapazität und stellen eine Wachstumsgrenze dar (Meadows et al. 2005: 53ff.).

steigenden Erdgasverbrauch von 3,5 % und einer Vervierfachung der bekannten Vorräte (1992) reichte dieser Energieträger noch bis 2054 (Meadows et al. 1992: 98ff.).

4.2.2 Tatsächliche Entwicklung

Meadows nimmt als Indikator für eine drohende Rohstoffknappheit einen steigenden Preis an, da die Gewinnung der Rohstoffe immer kostspieliger wird (ebd.: 55). Das Deutsche Institut für Wirtschaftsforschung (DIW) stellt diesen Preisanstieg auf dem Weltmetallmarkt heute fest. Der Bedarf kann aufgrund der erhöhten Nachfrage aus China und weiteren Schwellenländern nicht mehr gedeckt werden. Das Institut räumt ein, dass eine „gesicherte Versorgung künftig immer fraglicher wird" (DIW 2007: 51). Abbildung 8 zeigt ausgewählte steigende Rohstoffpreise. Da der sehr starke Preisanstieg bei Kupfer eher auf Spekulanten zurückzuführen ist (DIW 2007: 49), soll dem Zink in diesem Fall als Referenzrohstoff Beachtung geschenkt werden. Die Preisentwicklung ist mit dem Wandel Chinas „von einem wichtigen Zinkexporteur zum Nettoimporteur wegen des rapide steigenden Bedarfs seiner boomenden Stahlindustrie" und einer stagnierenden Weltproduktion zu erklären (ebd.).

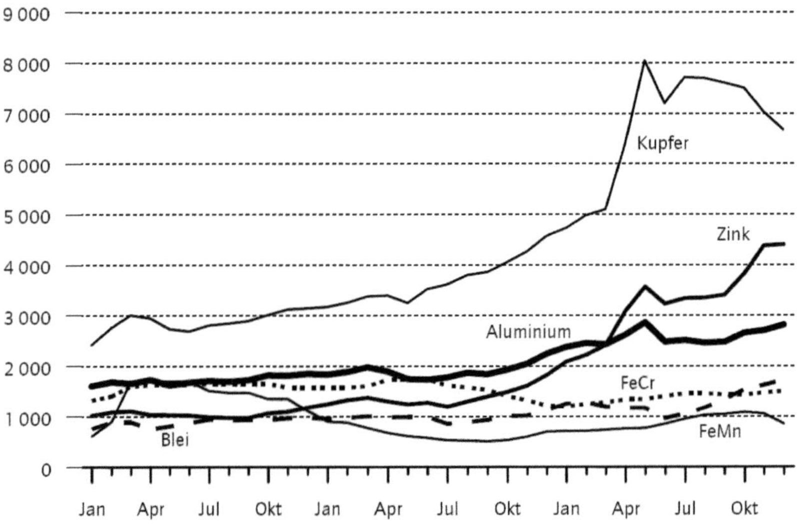

Abbildung 8: Preisentwicklung ausgewählter Edel-, Legierungs- und NE-Metalle in Dollar je Tonne (DIW 2007: 45)

Die steigenden Preise und gleichbleibenden Fördermengen können bereits Anzeichen einer Rohstoffknappheit sein: Immer mehr Wissenschaftler sagen voraus, dass die Kupfer-, Zink- oder Platinvorräte bald zu Ende gehen werden. Robert Gordon und Thomas Graedel (Universität Yale) prophezeien ein Ende der Rohstoffe, noch bevor die Entwicklungsländer westliche Lebensstandards erreicht haben (Gordon et al. 2006).

Ein weiterer wichtiger nicht regenerativer Rohstoff ist Erdöl. Die Internationale Energiebehörde (IEA) warnt bereits jetzt vor der nächsten Ölkrise im Jahr 2013, da sich die globalen Ölreserven stärker als bisher angenommen reduziert haben und die Ölförderkapazitäten nachlassen. 580 der 800 größten Ölfelder haben den *Peak Oil*[7] bereits überschritten (Kläsgen 2009).

Es ist schwer, die Aussagen des *Club of Rome* im Hinblick auf die Rohstoffvorräte zu überprüfen, da der Begriff „nicht regenerierbare Rohstoffe" sehr umfangreich und sehr pauschal ist. Dennoch mehren sich die Anzeichen für eine zukünftige Knappheit wichtiger derartiger Rohstoffe.

4.3 Umweltverschmutzung

Kapitel 4.3 betrachtet den letzten das Wachstum beschränkenden Faktor: Die Umweltverschmutzung. Eine zu hohe Umweltverschmutzung kann der Menschheit die Lebensgrundlagen (Nahrung, Gesundheit etc.) entziehen.

4.3.1 Aussagen des Club of Rome

Die Umweltverschmutzung nimmt eine Sonderstellung ein, da 1972 noch fast nichts über die maximalen Grenzwerte bekannt war und die Schadstoffmessungen nicht weit genug in die Vergangenheit reichten, um zuverlässige Prognosen abgeben zu können. Dennoch war Meadows schon damals bewusst, dass zeitliche Verzögerungen bei den ökologischen Vorgängen eine große Gefahr darstellen, weil mögliche Grenzen nicht frühzeitig erkannt werden können[8]. Die Schadstoffkonzentrationen der wenigen damals beobachteten Arten nahmen aber scheinbar exponentiell zu, wuchsen sogar schneller als das Bevölkerungswachstum bzw. das industrielle Wachstum (Meadows et al. 1972: 57ff.). Ursache der Umweltverschmutzung ist zum Teil der zunehmende Energiehunger der Menschheit. Die Folgen sind klimatologischer Art durch Verbrennung fossiler Brennstoffe, Veränderung der Umwelt durch thermale Verschmutzung oder nukleare Belastungen durch radioaktiven Abfall (ebd.: 58ff.).

---

[7] Peak Oil ist der Punkt des Fördermaximums eines Ölfeldes. Jenseits dieses Punktes nehmen die Fördermengen rasch ab.

[8] Als Beispiel nennt Meadows hier die Anreicherung des Schädlingsbekämpfungsmittels DDT in der Nahrungskette und die verzögerte Wirkung auf den Menschen (Meadows et al. 1972: 70).

Der Umweltaspekt kommt in den *neuen Grenzen des Wachstums* stärker zum Tragen. Meadows erkennt Fortschritte in der Umweltpolitik an. Die Einrichtung von Umweltministerien oder das weitsichtige, gerade noch rechtzeitige FCKW-Verbot sind positiv. Dennoch wird der Umwelt in vielen Bereichen zu viel zugemutet. Er nennt die starke Verschmutzung des Rheins, die exponentielle Zunahme der Treibhausgase in der Atmosphäre (Kohlendioxid, Methan, Stickoxide, FCKW 011) oder die seit 1880 kontinuierlich steigende Durchschnittstemperatur (Klimaerwärmung) (Meadows et al. 1992: 117ff.).

Auch 2005 erwähnt Meadows die Fortschritte im Umweltschutz. Diese lassen sich aber nur in den reichen Ländern feststellen. Durch den Neubau zahlreicher Kläranlagen konnten im Jahr 1992 noch stark verschmutzten Rhein wieder Lachse gesichtet werden, ein Zeichen für gute Wasserqualität (Meadows et al. 2005b: 107ff.). Die gefährlichen Schadstoffe entstehen jedoch weiterhin. Nukleare Abfälle, gesundheitsgefährdende Abfallstoffe und Treibhausgase und Chemikalien werden besonders in Osteuropa und den neu entstehenden Wirtschaftsnationen freigesetzt (ebd.: 110ff.). Der Mensch überfordert die Quellen der Natur durch Raubbau und die Selbstreinigungskräfte durch Abfall und Schadstoffe. Der Rückgang der Waldgebiete, die Verödung von Böden und die chemische Veränderung der Atmosphäre sind Beispiele dafür (Meadows et al. 2005b: 130f.).

4.3.2 Tatsächliche Entwicklung

Bereits 1973 weist von Weizsäcker auf die damals zunehmenden Umweltprobleme hin: „Die Zerstörung der Umwelt bleibt bis zu einem gewissen Stadium unmerklich, dann aber drängt sie sich der erschreckten Beobachtung auf. Der Augenblick dieses Umschlags ist in den westlichen Industriegesellschaffen in den letzten Jahren eingetreten" (von Weizsäcker 1973: 268). Reaktionen auf die Überschreitung der Grenzen bezüglich der Umwelt sind nötig. Doch die derzeitige Wirtschaftskrise wird laut der Internationalen Energiebehörde (IEA) dazu führen, dass die Investitionen in erneuerbare Energien zurückgehen und Maßnahmen gegen den Klimawandel eingefroren werden (Kläsgen 2009). Dies ist nicht verwunderlich, da die Wirkungen des anthropogenen Treibhauseffekts nicht hundertprozentig bewiesen sind. „Wir sind aber darauf angewiesen zu Handeln, weil ein korrigierendes Handeln zu spät käme, wenn wir bis zum endgültigen Beweis damit warten würden" (Gleich 2008: 23).

Dass es den Klimawandel gibt, ist mittlerweile bewiesen. Das *Intergovernmental Panel of Climate Change* (IPCC) simulierte in Modellen mit in die Zukunft reichenden Klimaszenarien einen globalen Temperaturanstieg von bis zu sechs Grad Celsius bis 2099. Der anthropogene Treibhauseffekt kann nicht mehr gestoppt werden, die Folgen können allenfalls gemildert werden (IPCC 2001, IPCC 2007). Die Agrarwirtschaft und die Industrie können nur einen Anstieg von zwei Grad Celsius verkraften, „ohne in dramatische, unumkehrbare (katastrophale) Entwicklungspfade zu geraten" (von Gleich & Gössling-Reisemann 2008: 25). Die Auswirkungen des Klimawandels sind global und haben schwerwiegende Folgen: bestehende Umweltkrisen wie Wasserknappheit, Dürren und Bodendegradation werden verschärft und können besonders in fragilen Regionen zu einer Destabilisierung der Gesellschaft führen. Die Küsten mit den Städte- und Industrieregionen der USA, Indiens und Chinas können durch einen steigenden Meeresspiegel sowie Flut- und Sturmkatastrophen bedroht werden. Die Wasserversorgung ist in den Anden- und Himalayaregionen durch das Abschmelzen der Gletscher gefährdet. Ein ungebremster Klimawandel kann zu einer „großskaligen Änderung im Weltsystem" führen, wie zum Austrocknen des Amazonas oder zum Ausbleiben des Monsuns (WBGU 2007: 2).

5   Simulationsläufe des Weltmodells

Unter Annahme des exponentiellen Bevölkerungs- und Wirtschaftswachstums und Berück-
sichtigung der begrenzenden Faktoren aus den vorhergehenden Kapiteln kann nun der „Standardlauf des Weltmodells" (Abbildung 9) durchgeführt werden. Der Standardlauf zeigt die
„Ergebnisse der Computer-Simulation unter der Voraussetzung, daß keine größeren Veränderungen physikalischer, wirtschaftlicher und sozialer Zustände eintreten" (Meadows et al.
1972: 113). Die historische Entwicklung von 1900 bis 1970 wird fortgeschrieben.

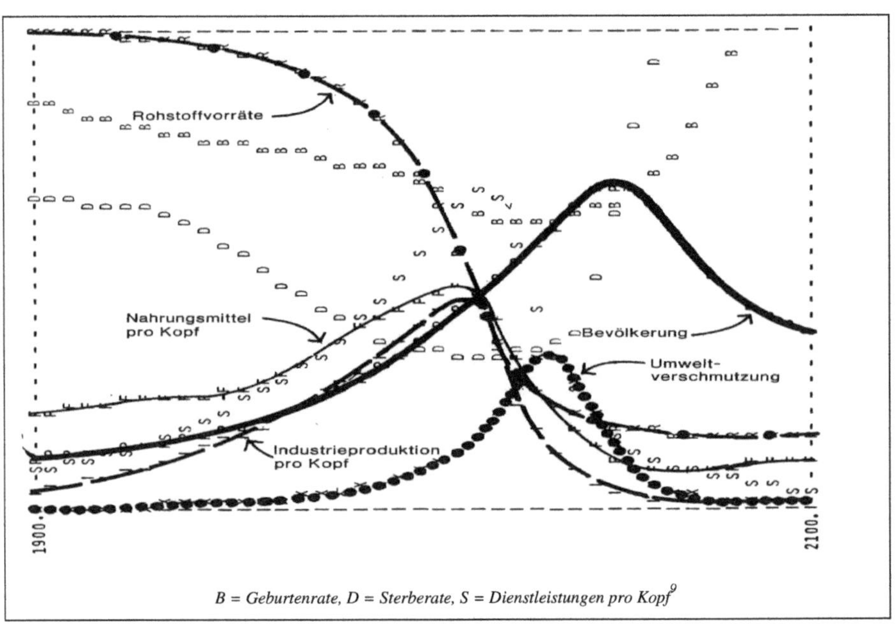

Abbildung 9: Standardlauf des Weltmodells (Meadows et al. 1973: 113)

Das Industriewachstum und die Nahrungsmittelproduktion werden von den schwindenden
Rohstoffvorräten um 2010 stark gebremst. Die Bevölkerung und die Umweltverschmutzung
wachsen aufgrund von zeitlichen Verzögerungsfaktoren eine Weile exponentiell weiter. Die
daraus resultierende fallende Nahrungsmittelversorgung pro Kopf führt zu einem Bevölkerungsrückgang durch eine stark steigende Sterberate. Auch 1992 ist dieses Szenario noch aktuell (vgl. Abbildung 13 im Anhang).

---

[9] Beispielsweise Schulen, Krankenhäuser, Banken (Meadows et al. 1972: 85).

Meadows wiederholt den Simulationslauf mit veränderten Variablen. Eine Verdoppelung der Rohstoffreserven führt zu einer weiter fortschreitenden Industrialisierung (vgl. Abbildung 11 im Anhang). Folge sind extrem hohe Umweltbelastungen, die die Absorptionsmöglichkeiten der Umwelt überschreiten. Der starke Einfluss auf die Nahrungsmittelproduktion und auf die Bevölkerung selbst führt zu einem noch stärkeren Bevölkerungsrückgang als in Abbildung 9.

Auch eine Variation von anderen Faktoren endet immer im Kollaps, da irgendwann ein wachstumsbegrenzender Faktor zeitlich verzögert überhand nimmt: Unendlich Energie (z.B. Kernfusion) könnte die Rohstoffgewinnung aus Gestein oder das Recycling von Rohstoffen zu 100 % ermöglichen. Auch hier ist die Umweltverschmutzung der begrenzende Faktor. Wenn zusätzlich strenge Umweltschutzmaßnahmen durchgesetzt würden, wüchsen die Bevölkerung und die Industrie so stark an, bis der Boden zur Nahrungsmittelerzeugung knapp würde (Meadows et al. 1972: 116ff.).

Das Grundverhalten des Modells ist das exponentielle Wachstum bis zum Zusammenbruch. Auch technologische Veränderungen können den Kollaps in diesem Modell nicht verhindern. Für den Zusammenbruch sind zeitliche Verzögerungen der Wirkungen verantwortlich, Grenzen werden nicht frühzeitig erkannt.

Die Lösung des Problems wäre es also, natürliche Grenzen frühzeitig erkennen zu können und nicht zu überschreiten, um einen Gleichgewichtszustand herbeizuführen. Gibt es ein solches weltweites Gleichgewicht?

6   Lösungsvorschläge des Club of Rome

Meadows identifiziert das exponentielle Wachstum als Hauptproblem. Ziel muss es sein, dieses Wachstum einzudämmen. Da die Menschheit danach strebt, die negativen Regelkreise des Wachstums zu bekämpfen (Sterblichkeitsrate senken, Kapitalnutzungsdauer verlängern; vgl. Kapitel 3), und damit das exponentielle Wachstum anheizt, bleibt nur eine Möglichkeit das Wachstum zu bremsen: Die Schwächung der positiven Regelkreise. Das bedeutet z.B. eine Kopplung der Geburten- mit der Sterbeziffer (verhindert ein weiteres Ansteigen der Bevölkerungszahl). Da die anderen positiven Regelkreise immer noch zu einem exponentiellen Wachstum in der Industrieproduktion und bei der Nahrungsmittelproduktion führen würden (vgl. Abbildung 12 im Anhang), und die Rohstoffvorräte dezimieren, müssen weitere Beschränkungen gelten:

▷ Eine Begrenzung des Kapitalwachstums durch eine Gleichsetzung von Kapitalabnutzung und Investitionen,

▷ Ein Rohstoffverbrauch für die Industrie von 25% des Wertes von 1970,

▷ Eine Wertorientierung der Gesellschaft weg vom überhöhten Konsum hin zu Dienstleistung und Bildung,

▷ Eine Reduktion der Umweltverschmutzung auf 25 % des Wertes von 1970,

▷ Ausreichende Kapitalbereitstellung für (unwirtschaftliche) Nahrungsmittelerzeugung und absolute Gleichverteilung der Nahrungsmittel,

▷ Kapitalaufwendungen für die Melioration von Böden,

▷ Erhöhung der Nutzungsdauer von Investitionsgütern, da wegen o.g. Maßnahmen nicht mehr genug Kapital in die Industrie fließen würde.

Diese Beschränkungen hätten einen Gleichgewichtszustand zur Folge, bei doppelter Nahrungsmittelausstattung pro Kopf, dreifacher Dienstleistungsausstattung und einem durchschnittlichen europäischen Jahreseinkommen (allerdings für die ganze Welt, Abbildung 10). Eine spätere Einführung dieser Maßnahmen im Jahr 2001 würde nur noch einen kurzen Gleichgewichtszustand hervorrufen (Meadows et al. 1972: 141ff.).

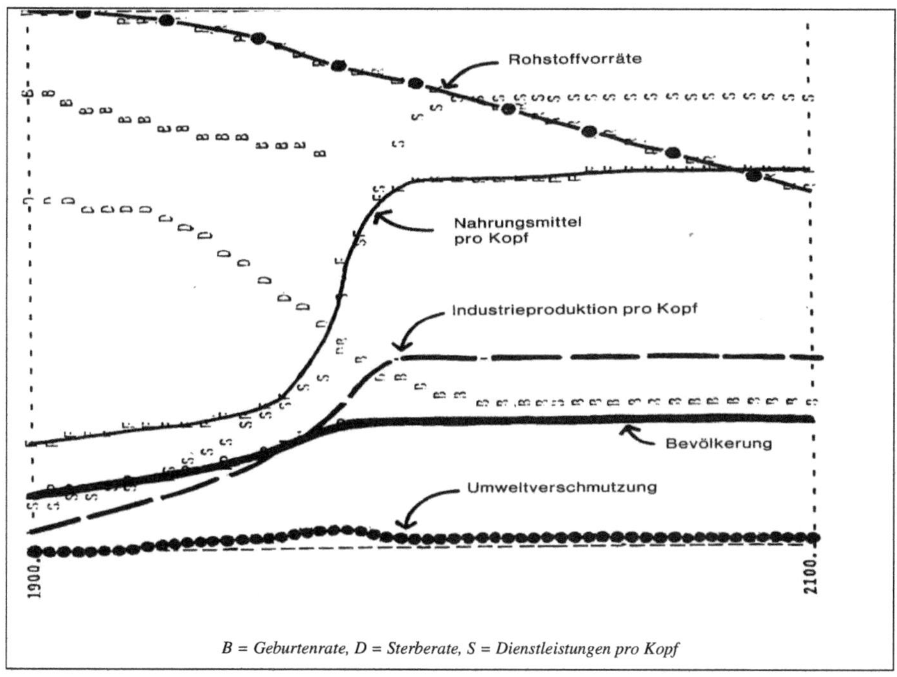

Abbildung 10: **Stabilisiertes Weltmodell 1972: Der Gleichgewichtszustand mit einer Industrieproduktion pro Kopf in der dreifachen Höhe von 1970 (Meadows et al. 1972: 148)**

Weiterhin setzt sich Meadows für einen grundlegenden Systemwandel ein, der eine „Veränderung der Informationsketten innerhalb des Systems" beinhaltet. Daten, die zu Entscheidungen von Verantwortungsträgern führen, müssen aktuell sein, Anreiz-Strukturen müssen dahingehend geändert werden, dass Nachhaltigkeit gefördert wird (Meadows et al. 1992: 231). Nachhaltigkeit als dritte Revolution nach der landwirtschaftlichen und industriellen Revolution wird „das Gesicht der Erde und Fundamente menschlicher Selbstkennung, Institutionen und Kulturen verändern" (ebd.: 265).

Auch im letzten Bericht an den *Club of Rome* (2005) ist noch ein Gleichgewichtszustand möglich. Dazu ist eine Verkleinerung des ökologischen Fußabdrucks des Menschen nötig. Dieses Ziel ist mit erheblichem Aufwand und hohen Kosten[10] verbunden. Abbildung 14 (im Anhang) zeigt, dass am Ende des 21. Jahrhunderts die Erde von etwa 8 Mrd. Menschen be-

---

[10] Folgende Voraussetzungen sind für einen Gleichgewichtszustand nötig: Große Vorräte an nicht erneuerbaren Ressourcen, Senkung der industriellen Schadstoffmengen ab 2002 jährlich um 4 %, deutliche landwirtschaftliche Ertragssteigerung ohne negative Nebenwirkungen und Schutz der Böden vor Erosion und effizientere Nutzung aller Ressourcen (Meadows et al. 2005: 219ff.).

völkert sein wird. Die Welt ist hoch technisiert, es gibt kaum Schadstoffbelastungen, der Wohlstand der Bevölkerung gleicht dem im Jahr 2000. Lebenserwartung und Nahrung pro Kopf sind höher, der Konsumgüterverbrauch niedriger als zu Beginn des Jahrhunderts. Der Lebensstandard kann gegen 2100 kurzfristig nicht mehr aufrecht erhalten werden, weil zu viel Kapital in Technik und soziale Dienstleistungen fließt. Es kommt zur „Kostenkrise" (Meadows et al. 2005b: 227).

7 Zukunftsaussichten

Die Kritik am *Club of Rome* war nach der Herausgabe des Berichts *Grenzen des Wachstums* immens. Die systemtheoretische Herangehensweise an dieses menschliche Thema fanden Viele befremdlich und unangebracht. Menschen sind keine Maschinen und deshalb kann es unerwartete Reaktionen geben, die den Lauf der Zukunft auch unerwartet verändern. Meadows wollte genau das mit seinem Bericht erreichen. Er wollte die Menschen wachrütteln und zum Nachdenken anregen. Er will mit seinem Modell keinen Terminplan zum Weltuntergang festlegen, sondern Tendenzen und mögliche Reaktionen des Gesamtsystems vorhersagen.

Dabei sind und waren die Entwicklungen der einzelnen Systemkomponenten keinesfalls unbekannt. Es ist bekannt, dass der Planet Erde einen begrenzten Lebensraum und begrenzte Rohstoffe bietet. Und niemand würde bezweifeln, dass es kein ewiges Wachstum geben kann. Die Menschen schockierte aber die Schnelligkeit, mit denen die ungemütlichen Szenarien des „Overshoots" (vgl. Kap. 4) eintraten.

Und genau an diesem Punkt darf diskutiert werden. Im Bericht von 1972 wurde der Bevölkerungsrückgang bereits zum jetzigen Zeitpunkt prognostiziert (vgl. Standardlauf, Kap. 5), während die UN steigende Bevölkerungszahlen bis 2050 voraussagt (Kap. 3.1.2). Dieser Bevölkerungsrückgang sollte von einer einbrechenden Nahrungsmittelversorgung um das Jahr 2000 eingeleitet werden. Tatsächlich ist die Pro-Kopf-Produktion in der Nahrungsmittelindustrie bis heute jedoch gestiegen (Kap. 4.1.2). Indizien und Prognosen sprechen dafür, dass es aufgrund von Umwelteinflüssen und Überdüngung ein Einbrechen der Nahrungsmittelversorgung geben kann (Kap. 4.3.2), jedoch wurde selbst im Bericht von 1992 der Zeitpunkt zu früh angesetzt. Es ist nun nötig, die verbleibende Zeit sinnvoll zu nutzen und den ökologischen Fußabdruck der Menschen rasch zu senken.

Der wichtigste Begriff in diesem Zusammenhang dürfte *Nachhaltigkeit* sein. Wenn die Menschheit derzeit über 1,2 Planeten braucht, um ihren Lebensstandard aufrecht erhalten zu können (vgl. Abbildung 15), bedeutet das ein Leben und ein Wachstum jenseits der natürlichen Grenze. Es ist dann eine Frage der Zeit, wie lange diese Grenze überschritten werden darf, bis es zu den verzögerten Reaktionen (besonders im Bereich Klima und Nahrungsmittelproduktion) kommt.

Diese Revolution der Nachhaltigkeit kann nicht durch eine Weltregierung oder eine Institution eingeleitet werden. Es gibt keinen Plan à la „vier einfache Schritte zum globalen Paradigmenwechsel". Die Revolution muss in den Köpfen von Milliarden von Menschen ablaufen. Welches Ereignis den Anstoß dazu geben soll, kann niemand beantworten. Dass es einen Anstoß geben muss – dafür wirbt der *Club of Rome*.

Literaturverzeichnis

BATES, B.C., KUNDZEWICZ, Z.W. & S. WU et al. (Hrsg.) (2008): Climate Change and Water. Technical Paper of the Intergovernmental Panel on Climate Change. Genf: IPCC Secretariat.

BRÜMMERHOFF, D. (2007): *Volkswirtschaftliche Gesamtrechnungen.* 8. überarbeitete und erweiterte Auflage. München: Oldenbourg.

BOHLE H.-G. (2000): Bevölkerungsentwicklung und Ernährung. Sind die Grenzen des Wachstums überschritten? *Geographische Rundschau* 53(2), 18-24.

DASGUPTA, P. S. & I SERAGELDIN (2000): Social Capital: A Multifaceted Perspective. Washington D.C.: The World Bank.

DIW (2007): Die Welt-Metallmärkte 2004 bis 2006: Versorgungsengpässe und Rekordpreise durch Chinas Rohstoffhunger. *Wochenbericht des DIW Berlin* 74(4), 43-51.

ECKERT, R. (1978): *Ökologie - Ökonomie - „Grenzen des Wachstums".* Frankfurt: VMB.

EUROSTAT (2007a): *Unternehmensinvestitionen* - Bruttoanlageinvestitionen des privaten Sektors in Prozent des BIP.
http://epp.eurostat.ec.europa.eu/tgm/table.do?tab=table&init=1&plugin=1&language=de&pcode=tsier140, 12.03.2009.

EUROSTAT (2007b): *Wachstumsrate des realen BIP* - Wachstumsrate des BIP-Volumens - prozentuale Veränderung relativ zum Vorjahr.
http://epp.eurostat.ec.europa.eu/tgm/table.do?tab=table&init=1&plugin=1&language=de&pcode=tsieb020, 12.03.2009.

FAO (2005a): FAOSTAT - *Agricultural area worldwide.*
http://faostat.fao.org/site/377/DesktopDefault.aspx?PageID=377#ancor, 12.03.2009.

FAO (2005b): FAOSTAT - *Agricultural production indices.*
http://faostat.fao.org/site/612/DesktopDefault.aspx?PageID=612#ancor, 12.02.2009.

FAO (2006): FAOSTAT – *Consumption of fertilizers.*
http://faostat.fao.org/site/377/DesktopDefault.aspx?PageID=575#ancor, 12.03.2009.

FORRESTER, J. W. (1971): *Der teuflische Regelkreis. Das Globalmodell der Menschheitskrise.* Stuttgart: Deutsche Verlags-Anstalt.

GORDON, R. B., BERTRAM, M. & T.E. GRAEDEL (2006): Metal Stocks and Sustainability. *Proceedings of the National Academy of Sciences of the U.S.* 103, 1209-1214.

HOFSTETTER, M. & B. VOSS (2008): Dringender Reformbedarf bei der Bioenergieerzeugung. Aktuelle Entwicklungstendenzen bei der Nutzung nachwachsender Rohstoffe. *In:* AgrarBündnis (Hrsg.): *Der kritische Agrarbericht.* Hamm: ABL Verlag.

INTERGOVERNMENTAL PANEL ON CLIMATE CHANGE (IPCC) (2001): *Third Assessment Report ‚Climate Change 2001'.* (http://www.ipcc.ch/, 18.03.2009).

INTERGOVERNMENTAL PANEL ON CLIMATE CHANGE (IPCC) (2007): Fourth Assessment Report ‚Climate Change 2007'. (http://www.ipcc.ch/, 18.03.2009).

KLÄSGEN, M. (2009): „Die nächste Ölkrise kommt". Energieagentur warnt vor Engpass. *Süddeutsche Zeitung,* 28.02.2009.

MEADOWS, D., MEADOWS D. & E. ZAHN et al. (1972): *Die Grenzen des Wachstums. Bericht des Club of Rome zur Lage der Menschheit.* Stuttgart: Deutsche Verlags-Anstalt.

MEADOWS, D., MEADOWS D. & J. RANDERS (1992): *Die neuen Grenzen des Wachstums. Die Lage der Menschheit: Bedrohung und Zukunftschancen.* Stuttgart: Deutsche Verlags-Anstalt.

MEADOWS, D., RANDERS, J. & D. MEADOWS (2005a): *Grenzen des Wachstums - Das 30-Jahre-Update.* Stuttgart: Hirzel Verlag.

MEADOWS, D., RANDERS, J. & D. MEADOWS (2005b): *Limits to Growth. The 30-Year Update*. London, Sterling, VA: Earthscan.

MESAROVIC M. & E. PESTEL (1974): *Menschheit am Wendepunkt*. Stuttgart: Deutsche Verlags-Anstalt.

OFFIZIELLE INTERNETSEITE DES CLUB OF ROME. (http://www.clubofrome.de/, 26.10.2008).

PESTEL, E. (1988): *Jenseits der Grenzen des Wachstums*. Stuttgart: Deutsche Verlags-Anstalt GmbH.

SCHMIDT, M. (2005): *Grenzen des Wachstums und Nachhaltigkeit. Die Meilensteine einer fortwährenden Debatte*. Bremen: Fachbereich Wirtschaft d. Hochschule Bremen.

SCHULZ, R. (2001): Neuere Trends in der Bevölkerungsentwicklung. *Geographische Rundschau* 53(2), 4-9.

SPINOLA, R. (2005): Exponentielles Wachstum - was ist das? *Zeitschrift Humane Wirtschaft* 2005(6), 35-38.

UN STATISTIK (2007) - Population Division of the Department of Economic and Social Affairs of the United Nations Secretariat, World Population Prospects: *The 2008 Revision and World Urbanization Prospects: The 2007 Revision*.
http://esa.un.org/unpp, 12.04.2009.

UNITED NATIONS CONFERENCE ON TRADE AND DEVELOPMENT (2005): *UNCTAD Handbook of Statistics*. New York, Geneva: United Nations Press.

VEREINTE NATIONEN (2002): *Bericht zum Welt-Gipfeltreffen zur nachhaltigen Entwicklung*. (http://www.hagel.at/site/download.cfm?extFile=2002_johannesburg_welt-gipfeltreffens.pdf, 24.2.2009)

VON GLEICH, ARNIM & S. GÖSSLING-REISEMANN (2008): *Industrial Ecology. Erfolgreiche Wege zu nachhaltigen industriellen Systemen*. Wiesbaden: Vieweg+Teubner.

VON WEIZSÄCKER, C. F. (1973): Grenzen des Wachstums. *Die Naturwissenschaften* 60(6), 267-273.

WACKERNAGEL, M., SCHULZ, M. B. & D. DEUMLING et al. (2002): Tracking the ecological overshoot of the human economy. *Proceedings of the National Academy of Sciences of the U.S.* 99(14), 9266-9271.

WBGU - Wissenschaftlicher Beirat der Bundesregierung Globale Umweltveränderungen (2007): Welt im Wandel: Sicherheitsrisiko Klimawandel. Zusammenfassung für Entscheidungsträger. Berlin, Heidelberg: Springer.

Anhang

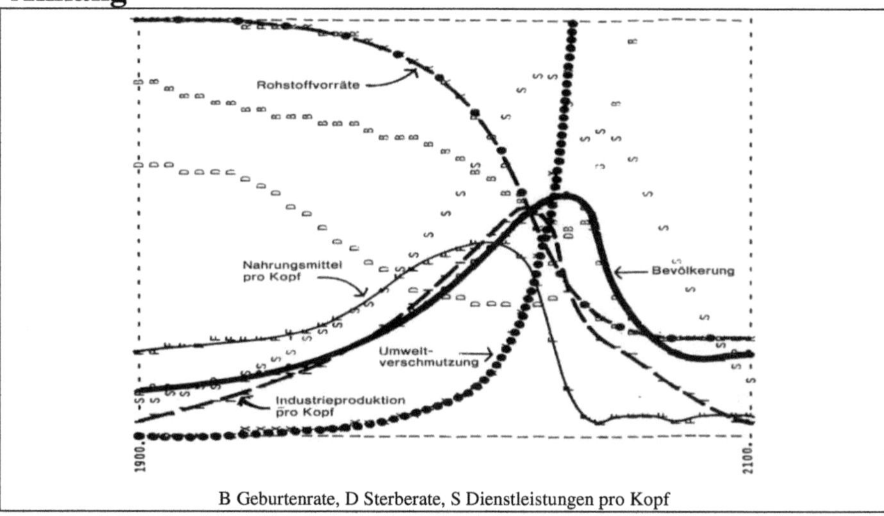

Abbildung 11: Verhalten des Weltmodells bei doppelten Rohstoffreserven (Meadows et al. 1972, 114)

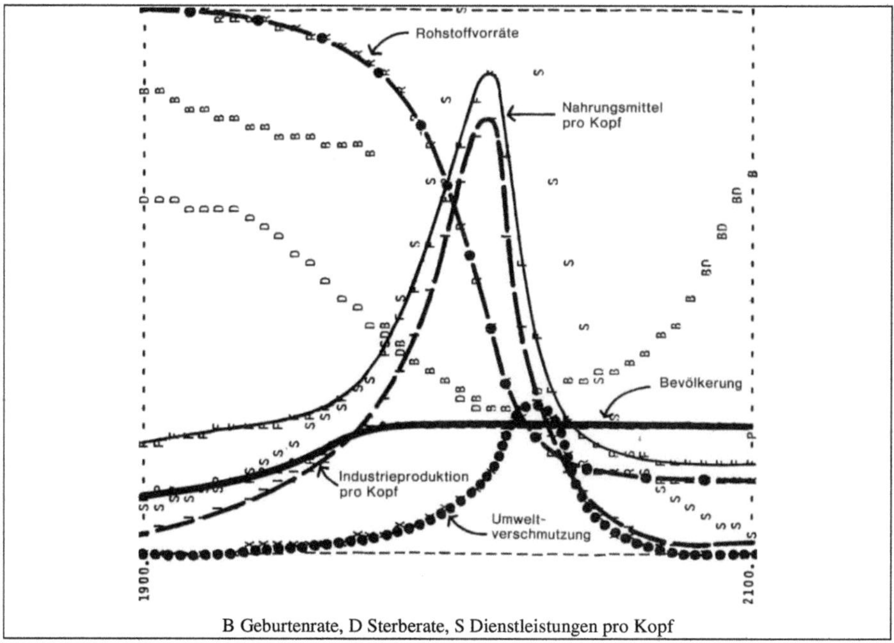

Abbildung 12: Stabilisierte Weltbevölkerung (Meadows et al. 1972: 144)

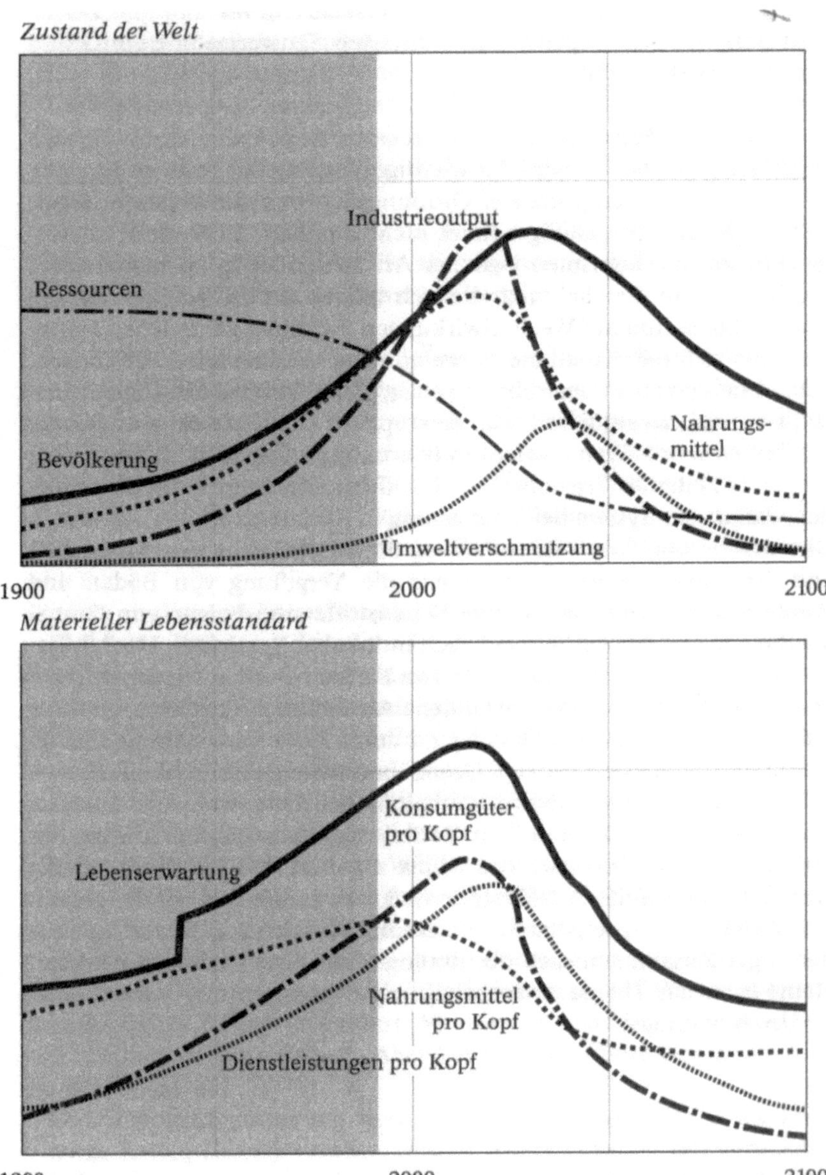

Abbildung 13: Standardlauf von 1992 (Meadows et al. 1992: 166)

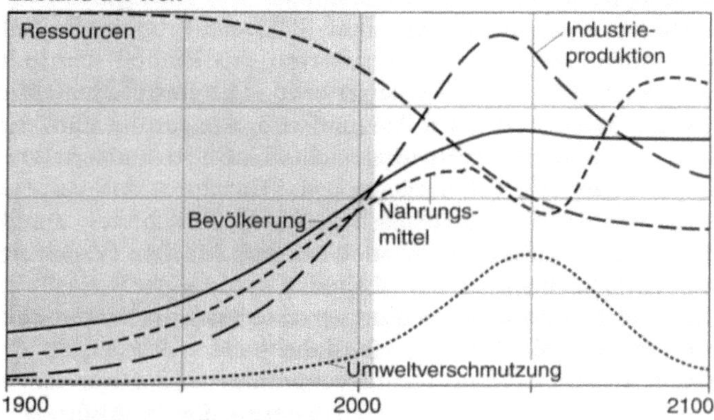

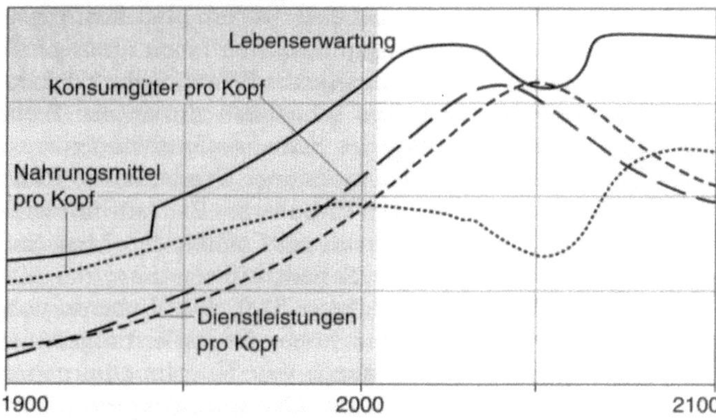

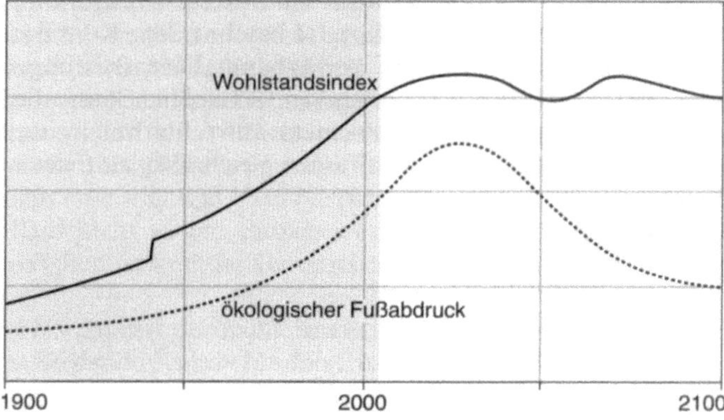

Abbildung 14: Stabilisiertes Weltmodell 2005 (Meadows et al. 2005b: 228)

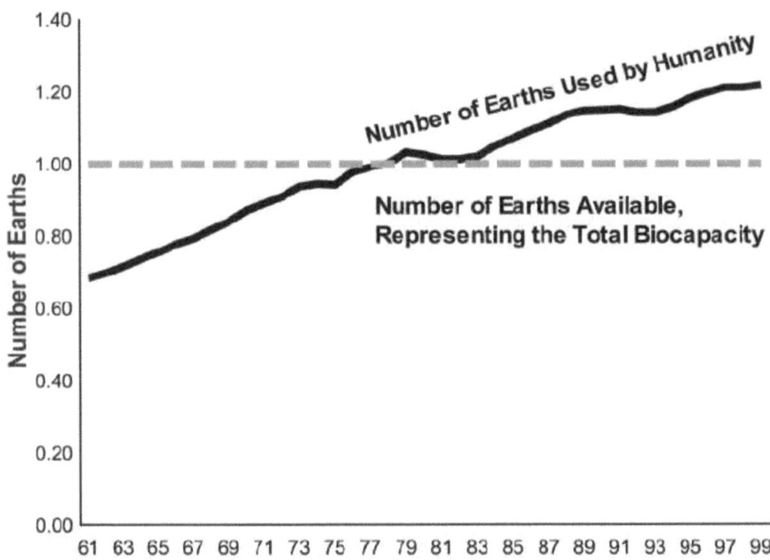

Abbildung 15: Der ökologische Fußabdruck (Wackernagel et al. 2002: 9269)